FORSCHUNGSBERICHTE DES LANDES NORDRHEIN-WESTFALEN

Nr. 1968

Herausgegeben im Auftrage des Ministerpräsidenten Heinz Kühn
von Staatssekretär Professor Dr. h. c. Dr. E. h. Leo Brandt

DK 551.510.42:551.508.91
541.182.3.043.5:681.268.9.087.61

Prof. Dr.-Ing. Theodor Gast
Dipl.-Ing. Dogan Özgür

Lehrstuhl und Institut für Meß- und Regelungstechnik
Technische Universität Berlin
im Auftrage des Vereins Deutscher Ingenieure, Düsseldorf
Kommission Reinhaltung der Luft

Erforschung eines Verfahrens für die gravimetrische Registrierung des Staubniederschlages im Freien

WESTDEUTSCHER VERLAG · KÖLN UND OPLADEN 1968

ISBN 978-3-663-06290-5 ISBN 978-3-663-07203-4 (eBook)
DOI 10.1007/978-3-663-07203-4

Verlags-Nr. 011968

Gesamtherstellung: Westdeutscher Verlag

Inhalt

1. Einleitung

Für die Messung des Staubniederschlages im Freien sind verschiedene Meßgeräte in Gebrauch. Ihnen ist gemeinsam, daß dem zu messenden Staub eine horizontale Abscheidefläche bekannter Größe dargeboten wird. Diese kann z. B. eine mit Haftmittel bestrichene Oberfläche oder der Eintrittsquerschnitt eines Gefäßes sein. In bestimmten Zeitabständen, die Tage, Wochen oder Monate betragen, wird der abgeschiedene Staub gravimetrisch bestimmt. Aus dem Wunsch heraus, die Meßintervalle zu verfeinern und die Ergebnisse selbsttätig aufzuzeichnen, wurde die vorliegende Forschungsaufgabe gestellt.

Herr Dr.-Ing. K. SCHWARZ, TÜV Essen, regte die Bearbeitung durch den erstgenannten Verfasser an.

Die Verfasser möchten für die Förderung dieser Arbeit durch den Ministerpräsidenten des Landes Nordrhein-Westfalen – Landesamt für Forschung – über die VDI-Kommission Reinhaltung der Luft ihren Dank aussprechen, ebenso der Berkwerksgesellschaft Walsum, insbesondere deren technischem Vorstand, Bergassessor Dr.-Ing. Dr.-Ing. e. h. HERBERT BARKING, M.d.L., für wertvolle Unterstützung. Herrn Feinmechanikermeister MÖSSINGER danken die Verfasser für seine Mitarbeit.

2. Lösungsprinzip

Es wurde ein gravimetrischer Lösungsweg gewählt. Eine hierzu erdachte Versuchsanordnung soll die folgenden Teilaufgaben lösen:

Der sich innerhalb einer bestimmten geschlossenen Grenzlinie niederschlagende Staub muß quantitativ erfaßt und gewogen werden. Dies setzt eine Abscheidefläche voraus, auf welcher der Staub einerseits sicher haftet, von der er aber in einem kontinuierlichen Prozeß abgesammelt werden kann, um ihn einer Wägevorrichtung zuzuführen. Sofern der Staub an der Fläche durch ein flüssiges Bindemittel festgehalten wird, muß er von diesem vor der Wägung vollständig befreit werden.

Eine günstige, wenn auch sicher nicht die einzige Lösung, besteht darin, den Staub auf einen Rieselfilm sedimentieren zu lassen, der ihn zu einer Sammelstelle transportiert. Dort wird er mittels eines Filters von der Flüssigkeit getrennt. Das Filter ist zugleich Trennmittel und Unterlage für den Wägevorgang. Die Waage, als letztes Glied der Kette, bildet selbsttätig die Differenz der Gewichte von reinem und staubbeladenem Filter und ermittelt so das Gewicht des in der Sammelzeit abgeschiedenen Staubes. Bezieht man diese Größe auf die von der Grenzlinie umrandete Fläche und auf das Zeitintervall, in dem gesammelt und filtriert worden ist, so ergibt sich der Staubniederschlag in

$$\frac{\text{Gewichtseinheiten}}{\text{Flächeneinheiten} \cdot \text{Zeiteinheiten}}$$

Im Lauf der Forschungsarbeit sind die beschriebenen Teilaufgaben recht eingehend untersucht worden. Ihre einzelnen Lösungen haben sich jedoch nicht unabhängig voneinander ergeben, denn es wurde angestrebt, frühzeitig auch die Kombination auf ihre Realisierbarkeit und Tauglichkeit zu prüfen. Daher erscheint es zweckmäßig, in dieser Darstellung zunächst einmal die Gesamtkonzeption der apparativen Lösung, das Staubfall-Registriergerät, zu umreißen und danach dessen Baugruppen im einzelnen zu behandeln*.

* Die Abbildungen stehen im Anhang ab Seite 17.

3. Apparative Gestaltung

(siehe Abb. 25)

Das Staubfallmeßgerät zur Bestimmung von Staubniederschlägen im Freien ist ein registrierendes Instrument, das intermittierend arbeitet (Abb. 9). Der Staub wird in einem Hybernia-Trichter aufgefangen und einem Wasserkreislauf zugeführt. Aus diesem werden die unlöslichen Bestandteile herausgefiltert und stündlich gewogen. Zur Abscheidung dient ein Papierfilter. Dieses wird von einer Vorratsrolle durch ein Walzenpaar abgezogen. Eine Schere schneidet von der Papierbahn quadratische Blättchen ab. Die Blätter fallen jeweils durch einen schwingenden Rahmen hindurch auf einen drehbaren Träger, dessen eines Ende sich jeweils in einem Trockenofen und dessen anderes sich zum gleichen Zeitpunkt im Wasserkreislauf befindet. Der Ofen (Abb. 10) wird durch einen Regler auf einer konstanten Temperatur von etwa 105°C gehalten. Er enthält eine elektrische Waage, die das Filterblatt nach Konditionierung wägt. Durch eine Drehung des Trägers gelangt der Filter-Abschnitt anschließend in den Wasserkreislauf. Gleichzeitig wird ein mit Staub beaufschlagtes Filter aus dem Kreislauf in den Ofen zurückgebracht. Hier wird es getrocknet, gewogen und danach abgeworfen. Mittels einer analogen elektrischen Rechenschaltung bildet das Gerät aus dem Gewicht des Filters mit Staub und dem gespeicherten Resultat der Vorwägung als Endergebnis das Staubgewicht. Dieses wird registriert. Der beschriebene Zyklus wiederholt sich stündlich.

Das Staubfallregistriergerät besteht aus drei Teilen, dem Wägeteil, dem Abscheideteil mit der Mechanik und der Steuerung. Diese werden im folgenden beschrieben.

3.1 Der Wägeteil

3.1.1 Aufbau und Eigenschaften der Waage

Es handelt sich um eine selbsttätig kompensierende elektromagnetische Waage, die konstruktiv dem vorliegenden Anwendungszweck angepaßt worden ist (Abb. 11 und 12). Die Nullpunktsunsicherheit der Waage liegt unter günstigen Bedingungen bei einigen Mikrogramm. Im vorliegenden Fall dürfte wegen der ungewöhnlichen Beanspruchungen durch erhöhte Temperatur und Erschütterungen eine Unsicherheit von 10 μg vorliegen. Der Waagebalken hat die Form einer Leiter, deren Holme aus dünnwandigem Aluminiumrohr bestehen und durch Traversen verbunden sind. Der Balken ist in seiner Mitte durch Spannbänder reibungslos und mit definierter Drehachse gelagert. Am Ende des Balkens befindet sich ein Gehänge zur Aufnahme der Last, das durch einen Hubmagneten (Ma 3) mit Dämpfungszylinder arretiert werden kann. Als gelenkige Verbindung zwischen Balken und Gehänge dienen Hängebänder aus Platin-Nickel. Auf der anderen Seite des Balkens befinden sich ein justierbares Gegengewicht und eine kreisrunde Schwenkspule, die über einem elektromagnetischen Feldsystem spielt.

3.1.2 Wirkungsweise der Waage

Die Waage arbeitet analog zu einer bereits früher beschriebenen elektrischen Mikrowaage (1). Meßbereich und Belastbarkeit sind jedoch wesentlich größer als bei dieser. Das elektromagnetische Kompensationssystem umfaßt die folgenden drei Bestandteile:

a) Eine Kombination von zwei zylindrischen Ferritmagneten, die axal magnetisiert sind und einander mit gleichnamigen Polen gegenüberstehen. Diese Magnete sind senkrecht am Gehäuse der Waage befestigt. Ihre Achse fällt mit der Achse der Schwenkspule bei Ruhestellung des Balkens zusammen.
b) Zwei Feldspulen, die jeweils auf die Ferritkerne gewickelt sind. Diese Spulen werden gegenläufig mit einem hochfrequenten Strom erregt.
c) Die am Balken befestigte Schwenkspule, deren Drehachse also mit der Spannbandachse zusammenfällt und die in der Ruhelage mitten zwischen den Feldspulen steht.

Die Prinzipschaltungen der Waage und einer dazugehörigen Tariervorrichtung sind in Abb. 1 und 2 dargestellt.
In der Ruhelage der beweglichen Spule heben sich die auf sie wirkenden magnetischen Wechselfelder der festen Spule gegenseitig auf. Daher wird in dieser Stellung keine Wechselspannung in der Schwenkspule induziert. Wird jedoch der Waagebalken ausgelenkt, so nähert sich die Schwenkspule der einen feststehenden Spule und entfernt sich von der anderen. Sie kommt daher in ein Gebiet endlicher Wechselfeldstärke, und es wird eine Wechselspannung induziert, deren Amplitude genähert proportional zum Ausschlag des Balkens ist. In den Schwenkspulenkreis wird eine elektrische Weiche eingeschaltet, die es gestattet, die induzierte Spannung auszukoppeln, zu verstärken, gleichzurichten und einem Regelverstärker zuzuleiten, dessen Ausgangssignal über einen Stromleiter in die Schwenkspule zurückgeführt wird. Dieser Gleichstrom erzeugt in der Spule ein magnetisches Moment, welches in dem stark inhomogenen Magnetfeld zwischen den Ferritmagneten eine axiale Rückstellkraft bewirkt. Wenn die Schwenkspule ihre Mittellage verläßt, wird demgemäß eine Kraft erzeugt, die den Waagebalken nahezu in seine ursprüngliche Lage zurückführt. Im Gleichgewichtszustand ist der sich einstellende Gleichstrom ein Maß für die Last. Die Einstellung dauert einige Millisekunden. Ein Differenzierglied vor der Endstufe des Regelverstärkers bewirkt eine ausreichende Dämpfung der Waage. Mit dem Stromteiler stellt man den gewünschten Grund-Meßbereich ein.

3.1.3 Die Tarierung (siehe Abb. 2)

Bei handelsüblichen Waagen wird meist durch Gewichtsauflage oder Verschieben eines Laufgewichtes tariert, gelegentlich auch durch Federkraft. Im vorliegenden Fall erhält man den Taraausgleich durch eine Kraft, die mittels eines Hilfsstromes durch die Schwenkspule der elektromagnetischen Waage erzeugt wird. Dieser Hilfsstrom entsteht durch Aussteuerung eines Differenzverstärkers mit Hilfe zweier Potentiometer. Das eine gestattet einen Vorabgleich des Nullpunktes. Das zweite ist das eigentliche Tarierpotentiometer. Es wird durch einen Nullmotor eingestellt. Beim Tarieren liegt dieser über von einem Programmwerk betätigte Schalterkontakte (Abb. 13) parallel zum Anzeige- oder Registriergerät. Der Nullmotor verstellt den Schleifer des Potentiometers so lange, bis die Waage im Gleichgewicht ist. Ein Programmwerk schaltet den Nullmotor nach Erreichen des Gleichgewichtes wieder ab. Der Nullmotor im Nebenschluß schützt bei Tarieren das Meßwerk des Schreibers vor Überlastung. Der Differenzverstärker ist über eine nicht eingezeichnete Hochfrequenzdrossel an die Schwenkspule angeschlossen, der Stromteiler wird dabei umgangen.
Für den vorliegenden Fall sind zwei Schleifpotentiometer und zwei Nullmotore notwendig, um einen automatischen Ablauf des Programms zu erreichen. Befindet sich z. B. ein Filter im Wasserkreislauf, so ist der Tarawert dieses Filters an dem Schleif-

potentiometer 1 durch den Nullmotor 1 festgehalten worden. Ein neues Filter wird währenddessen etwa eine halbe Stunde im Ofen konditioniert und muß anschließend tariert werden. Der Tarawert wird an dem Potentiometer 2 durch den Nullmotor 2 eingestellt, da das Potentiometer 1 den Tarawert des 1. Filters, das sich im Wasserkreislauf befindet, bis zu seiner Wägung im bestäubten Zustand festhalten muß.
Nach der Tarierung werden der Nullmotor und das Potentiometer abgeschaltet. Zur Wägung ist jeweils nur dasjenige Potentiometer eingeschaltet, an dem der Tarawert des entsprechenden Filters festgehalten worden war. Das andere Potentiometer und die beiden Nullmotore bleiben stromlos. Nach etwa einstündiger Staubabscheidung werden die Filter ausgetauscht. Somit kommt das bestäubte 1. Filter zum Ofen. Es wird etwa eine halbe Stunde getrocknet und dann gewogen. Zur Wägung ist dann nur das Potentiometer 1 eingeschaltet. Der an diesem Potentiometer festgehaltene Tarawert kommt zur Wirkung. Angezeigt wird der reine Staubanteil. Er entspricht dem Mittel des Staubfalls im Intervall 90–30 Minuten vor der Anzeige.

3.2 Der Abscheideteil und die Mechanik

3.2.1 Der Abscheideteil

Die Staubteilchen werden in einem Hybernia-Trichter durch Sedimentation, Diffusion und Ausschleudern aus gekrümmten Strömungsbahnen abgeschieden. Mit Hilfe einer Sprühvorrichtung in Gestalt einer in der Mitte des Trichters rotierenden Scheibe, auf die ein Wasserstrahl auftrifft, wird ein Wasserfilm erzeugt. Ein zusammenhängender Film ist von einer bestimmten Drehzahl des Motors und bestimmten Wassermenge ab möglich. Die an der Wand des Trichters abgelagerten Staubteilchen werden durch diesen Wasserfilm mitgenommen. Eine Umwälzpumpe saugt mit Unterstützung einer Wasserstrahlpumpe die Suspension durch das Filter. Die entsprechende Menge an Wasser wird von der Druckseite der Umwälzpumpe her durch eine Drossel, ein Magnetventil und ein zweites Filter der Sprühvorrichtung wieder zugeführt. Die Drossel dient hierbei zum Einstellen der Wassermenge, die zur Bildung eines ausreichenden Wasserfilms zum Abspülen der Staubteilchen von der Trichterwand erforderlich ist.
Die maximale Durchflußmenge des hier verwendeten Filters ist bei einer Nutzfläche von 530 mm^2 für einen Unterdruck von 730 mm Hg etwa 1 Liter/min. Diese Wassermenge kann indessen nur bei unbeaufschlagtem Filter angesaugt werden. Mit der Zeit nimmt der Rückstand zu, und mit der freien Durchflußfläche des Filters wird die durchsaugbare Wassermenge kleiner. Demgemäß steigt mit fortschreitender Abscheidung auf dem Filter das Wasser im Rohr zwischen Gerät und Trichter an. Ein Zweipunktregler schließt das Magnetventil, wenn das Wasser zu hoch steigt und verhindert einen Rückstau im Trichter. Beim Öffnen des Ventils wird dem Trichter eine Wassermenge zugeführt, die die Stäube bis zu einer bestimmten Korngröße sicher mitnimmt (z. B. 40 μ ⌀).
Das Magnetventil sperrt den Wasserfluß beim Wechsel des Staubsammelfilters.
Die vom Wasser mitgenommenen Staubteilchen werden zum größten Teil auf diesem Filter abgeschieden. Nicht abgeschiedene Staubteilchen, die in den weiteren Wasserkreislauf gelangen, werden bis auf 1% durch ein zweites Filter abgeschieden. Es kann als Membranfilter oder als dickes Papierfilter ausgeführt werden. Die Partikel gelangen somit nicht ein zweites Mal zum Abscheidefilter. Das zweite Filter erlaubt eine Kontrolle des ersten. Es fängt außerdem eventuelle Verunreinigungen – z. B. durch Verschleiß in der Pumpe – ab. Diese sind nach Oberflächenbehandlung der Pumpenteile vernachlässigbar klein geworden.

3.2.2 Erzeugung des Wasserfilms

Der Wasserfilm an der Trichterwand wird, wie schon erwähnt, durch eine rotierende Scheibe erzeugt. Diese Scheibe wird durch den Gleichstrommotor M 3 angetrieben. Der Motor ist mit drei radialen Stützen am Trichter befestigt, seine Drehzahl ist von der angelegten Spannung abhängig und wird durch ein Potentiometer auf einen günstigen Wert eingestellt. Das Wasser läuft aus einer Düse auf die Mitte der Scheibe und verläßt sie in tangentialer Richtung. So entsteht an der Trichterwand ein zusammenhängender Wasserfilm, der die auftretenden Staubteilchen bindet und mitnimmt.

3.2.3 Die Regelung des Wasserzuflusses

Der Mengendurchsatz im Rieselfilm sollte nicht höher sein, als der vom Filter beim vorliegenden Unterdruck durchgelassene Mengenstrom. Eine untere Grenze ist durch die Korngröße der Staubteilchen bedingt, die noch erfaßt werden soll.

3.2.4 Das Abscheidefilter

Am Abscheidefilter wird von der Umwälzpumpe mit Hilfe der Wasserstrahlpumpe ein Unterdruck von 730 mm Hg erzeugt. Untersuchungen ergaben bei diesem Unterdruck einen Abscheidegrad des Filters von 95% bei einem Staub bestimmter Korngrößenverteilung (siehe Diagramm Abb. 3). Der durchgelassene Anteil wird an dem zweiten Filter abgeschieden. Unter der Voraussetzung gleichbleibender Korngrößenverteilung kann diese Staubmenge am Ende einer Versuchsreihe gewogen und zu jedem einzelnen Wert anteilig addiert werden. Schwankt jedoch die Korngröße von Meßwert zu Meßwert, so ergibt sich ein Fehler, der jedoch stets kleiner ist als 5%. Verbesserungen des Filters erscheinen indessen möglich.

3.3 Die Mechanik (siehe Abb. 14, 19, 20 und 21)

3.3.1 Aufgabe und Aufbau der Mechanik

Das Papierfilter befindet sich auf einer Vorratsrolle und wird durch Transportrollen von ihr abgezogen. Eine Schere trennt gleichlange Abschnitte ab. Der Filterabschnitt fällt durch einen Führungsrahmen auf einen schwenkbaren Träger. Zu diesem Zeitpunkt wird der Führungsrahmen durch einen Motor M 2 über einen Exzenter zu Schwingungen angeregt. Daher fällt das Filter ohne Reibung, aber in definierter Lage, und legt sich so auf den Träger auf, daß es vier Löcher an dessen Rand überdeckt. Bei der Wägung wird das Filter von vier Spitzen des Lastaufnehmers der Waage angehoben, die durch die Löcher des Trägers frei hindurchtreten. Zur Konditionierung bleibt das Filter etwa eine halbe Stunde im Ofen. Es wird dabei scharf getrocknet und anschließend gewogen. Während der Wägung dürfen keine Störungen durch Erschütterung oder Luftzug auftreten. Deshalb wird die Öffnung für die Filterzufuhr in diesem Zeitraum durch eine Klappe verschlossen.
Durch einen Drehmagneten, mit einem Drehwinkel von 35° wird sie über einen Kurbeltrieb betätigt. Gleichzeitig schwenkt das Filter mit dem Träger in die Einspannvorrichtung ein. Diese wird durch zwei Rohre dargestellt, die an ihren Enden mit Dichtungen versehen und gegeneinander beweglich sind. Die Rohre sind Bestandteile des Wasserkreislaufes. Sie werden durch einen Hubmagneten (Ma 1) in vertikaler Richtung voneinander entfernt. Der Hubmagnet wird im stromlosen Zustand durch eine Feder

in die Ruhelage zurückgeführt. Damit werden die Dichtungen am Träger geschlossen. Anschließend beginnt der Wasserkreislauf. Nach etwa einstündiger Abscheidung wird der Wasserkreislauf unterbrochen, der Magnet zieht nun erneut an, so daß sich die Einspannung öffnet und um weitere 180° gedreht werden kann. Die ganze Anordnung ist gegen Wind und Regen durch eine Kunststoffhaube geschützt.

3.3.2 Ablauf der mechanischen Vorgänge

Zum Antrieb der Mechanik dient ein Drehstrommotor (M 1). Er treibt über einen Zahnriemen die Welle I an. Diese Welle ist axial verschiebbar. In der einen Stellung dreht sie über ein Kegelradpaar mit 90° Eingriffswinkel den Filterträger. In der anderen Stellung treibt sie über ein Stirnradpaar eine zweite parallele Welle II synchron an. Diese bewegt die Walze und die Schere. Auf der Welle II sind außerdem zwei Nocken angebracht. Die erste (N 1) betätigt den Schalter S 1, der den Motor M 1 nach einer Umdrehung – kurz nachdem das Filter abgeschnitten worden ist – abschaltet. Die zweite Nocke N I bestätigt die Vorschubwalze und die Schere. Die Welle I wird durch den Hubmagneten Ma 1 vorgeschoben. Ist Ma 1 ausgeschaltet, so sind die Stirnräder im Eingriff. Welle I ruht zunächst noch. Soll ein neues Filter abgeschnitten werden, so wird der Motor M 1 eingeschaltet. Hierbei wird die Ofenklappe gleichzeitig durch den Drehmagneten geöffnet. Der obere Teil der Schere bewegt sich nun nach oben, die obere Transportwalze wird über einen Hebelarm und eine Schraubenfederkupplung um einen bestimmten Winkel gedreht, und dadurch wird das Filter vorgeschoben. Die Länge des Filters ist durch den Eingriffswinkel der Nocke N I mit dem Hebel der Walze und durch das Spiel der Kupplung gegeben. Die Nocke N 1 schaltet anschließend den Motor M 1 wieder ab, kurz darauf wird auch der Drehmagnet DM stromlos. Das im Ofen befindliche Filter wird anschließend getrocknet. Wird der Hubmagnet Ma 1 eingeschaltet, so verschiebt er die Welle I in die andere Extremlage. Er trennt damit die Stirnräder und bringt die beiden Kegelräder zum Eingriff. Gleichzeitig schaltet sich der Drehmagnet ein und öffnet die Durchtrittsschleuse am Ofen. Danach wird der Motor M 1 wieder eingeschaltet und der Filterträger um 180° gedreht. Eine Nocke N 2, die sich auf der Welle des Trägers befindet, schaltet den Motor M 1 wieder ab. Durch diesen Vorgang ist das vorher im Wasserkreislauf befindliche Filter in den Ofen und das neue Filter in den Wasserkreislauf gelangt. Nach dem Abschalten des Hub- und Drehmagneten wird die Welle I durch eine Zugfeder, der Drehmagnet durch eine zweite Feder, die an der Gehäuseklappe befestigt ist, zurückgezogen. Der Ofen ist nun wieder verschlossen und die Stirnräder kommen erneut zum Eingriff. Das bestäubte Filter wird, nachdem es getrocknet und gewogen ist, durch einen einarmigen Hebel mit kammförmigem Ansatz vom Träger abgeworfen. Dieser Hebel wird durch einen weiteren Hubmagneten betätigt. Der Motor M 1 wird über das Relais I eingeschaltet. Dieses ist in Reihe mit einem Kondensator geschaltet und wird über den Ruhekontakt des Schalters S 3 mit Strom versorgt. Parallel zu dem Arbeitskontakt des Relais liegen noch die Schalter S 1 und S 2. Wird beim Schalter S 3 der Ruhekontakt eingeschaltet, dann zieht das Relais I an. Gleichzeitig wird der Kondensator geladen. Motor M 1 liegt an Spannung und dreht sich. Der Kondensator entlädt sich über den Widerstand R 1. Die Zeitkonstante ist so bemessen, daß das Relais I nur so lange Strom erhält, bis einer der parallelen Arbeitskontakte eingeschaltet ist und die Stromversorgung des Motors übernehmen kann. Ist der Hubmagnet in Ruhestellung, dann wird über Welle II und Nocke N 1 der Schalter S 1 betätigt, und der Motor dreht sich noch um volle 360°, bis S 1 wieder abschaltet.

Hat dagegen der Hubmagnet Ma 1 angezogen, so wird über Welle I und Nocke N 2 der Schalter S 2 betätigt, welcher die Stromzufuhr des Motors nach einer halben Umdrehung wieder unterbricht. Im letzten Fall wird eine der beiden Wicklungen des Motors nicht nur vom Netz abgeschaltet, sondern gleichzeitig an eine Hilfsspannungsquelle gelegt. Diese läßt einen im Verhältnis zum Betriebswechselstrom großen Gleichstrom fließen und bewirkt damit ein starkes Bremsmoment. Die Hilfsspannung wird durch Gleichrichter, Kondensator und Widerstand R 2 aus der Netzspannung erzeugt. Ist der Schalter S 2 in Arbeitsstellung, so lädt sich der Kondensator auf den Scheitelwert der Netzspannung, also etwa 310 V auf. Geht S 2 nach einer halben Umdrehung des Motors M 1 wieder in Ruhestellung, so wird der Kondensator über eine Wicklung des Motors entladen, der dadurch schnell zum Stillstand kommt. Der Hubmagnet Ma wird durch den Schalter S 4 über den Arbeitskontakt des Relais II eingeschaltet. Das Relais liegt in Reihe mit einem Kondensator. Parallel zum Arbeitskontakt des Relais ist noch ein Widerstand R 3 geschaltet. Wird der Schalter S 4 eingelegt, so zieht das Relais II an, und über seinen Arbeitskontakt sowie Schalter S 4 erhält der Hubmagnet volle Spannung, so daß er mit voller Kraft anziehen kann. Indessen lädt sich der Kondensator auf, die Spannung am Relais II sinkt, und dieses fällt nach einiger Zeit ab. Der Hubmagnet erhält nunmehr seinen Strom über den Widerstand R 3. Dieser ist so bemessen, daß Dauerbetrieb ohne Beschädigung von Ma 1 möglich ist. Abgeschaltet wird der Hubmagnet durch den Schalter S 4. Der Kondensator entlädt sich dann über das Relais II, den Hubmagneten Ma 1 und Widerstand R 3. So zieht der Hubmagnet mit großer Kraft an und hält mit erniedrigtem Strom.

3.3.3 Der Trockenofen

Das Filter muß vor der Tarierung und Wägung trocken sein, damit das leere Filtergewicht in beiden Fällen gleich groß ist. Um das zu erreichen, wird das Filter in einem Ofen jedesmal vor der Tarierung und Wägung bei etwa 105 °C getrocknet.

Der Ofen wird durch drei Heizelemente von je 250 W erwärmt. Diese befinden sich auf den oberen und unteren Gehäusewänden. Die beiden oberen Heizelemente sind in Serie geschaltet. Die Reihenschaltung liegt parallel zum dritten Element.

Damit ist je nach Außentemperatur ein Leistungsüberschuß von 50 bis 200% vorhanden. Bei sehr kaltem Wetter können auch die beiden oberen Heizelemente parallel geschaltet werden, um dadurch die Heizleistung um 100% zu erhöhen. Ein Zweipunktregler schaltet die Heizelemente an und ab. Es wurde ein Stabregler gewählt. Sein Fühler befindet sich im Ofen. Mit diesem Regler kann die Temperatur allerdings nur auf ± 4 °C konstant gehalten werden, wenn man nicht eine thermische Rückführung vorsieht. Die Ursache dafür liegt in den großen Totzeiten des Ofens. Dadurch ergeben sich aber bei der Wägung Anzeigedifferenzen, die mit der Temperatur schwanken. Um eine ausreichend genaue Wägung zu ermöglichen, muß die Ofentemperatur auf ± 0,25 °C konstant gehalten werden. Dies wird durch thermische Rückführung erreicht. Sie besteht in einer Heizwicklung, welche in der Nähe des Fühlers angeordnet ist. Der Einfluß der Temperaturschwankungen auf die Wägung kann dadurch auf ein unschädliches Maß herabgedrückt werden (siehe Abb. 4).

3.4 Die Steuerung

3.4.1 Die Steuerung der Waage

Die Waage wird durch ein Zeitschaltwerk mit fünf Nockenschaltern gesteuert. Die Nockenwelle wird von einem Getriebe-Synchron-Motor mit 1/2 U/h angetrieben. Eine Nocke schaltet den Speisestrom ein und aus. Je eine Nocke mit Schalter steuert die beiden Stellmotoren und das Schleifpotentiometer.

3.4.2 Die Steuerung der Mechanik (siehe Abb. 7)

Die Mechanik wird durch ein Zeitschaltwerk mit zehn Nockenschaltern gesteuert (siehe Abb. 15 und 16). Die Nockenwelle wird von einem Getriebe-Synchron-Motor mit 1 U/h angetrieben. Je eine Nocke mit Schalter steuert die Pumpe, das Magnetventil, die Hubmagneten Ma 1 und Ma 2, die Motoren M 1 und M 2 und den Drehmagneten DM. Dazu kommen noch die Nocken N 1, N 2 und die Schalter S 1, S 2 am mechanischen Teil selbst.

3.4.3 Der Zeitplan (siehe Abb. 23)

Ein Meßzyklus dauert 1 Stunde. Als Ausgangszustand sei angenommen, daß ein getrocknetes und leer gewogenes Filter in den Wasserkreislauf und ein bestäubtes Filter in den Ofen gekommen sei. Der Wasserkreislauf sei im Gang.
Das Filter im Ofen wird etwa 22...25 Minuten lang getrocknet. Danach wird es gewogen. Dazu werden die Pumpe und der Arretiermagnet der Waage abgeschaltet. Die Umlaufpumpe muß stillgesetzt werden, damit die Waage nicht durch Schwingungen gestört wird. Durch das Abschalten des Arretiermagneten Ma 3 wird der Lastaufnehmer der Waage freigesetzt. Er hebt das bestäubte Filter auf. Dieses wird gewogen, und das Gewicht wird nach Abzug des Tarawertes registriert. Der Waagemagnet Ma 3 zieht wieder an und arretiert die Waage. Danach erhält der Hubmagnet Ma 2, der den Drehhebel zum Abwerfen des Filters betätigt, kurzzeitig Strom. Das Filter wird abgeworfen. Der Drehmagnet und danach der Motor M 1 werden nun eingeschaltet. Die Walze schiebt das Filterband vor, und die Schere schneidet ein Stück ab. Der Motor M 1 wird durch den Schalter S 1 abgeschaltet. Das neue Filter gelangt durch den schwingenden Rahmen auf den Träger im Ofen. Der Drehmagnet wird abgeschaltet. Die Ofenklappe schließt wieder. Das Filter wird im Ofen getrocknet und, kurz bevor die volle Stunde abgelaufen ist, leer gewogen.
Das andere Filter bleibt in den Wasserkreislauf etwa 55 Minuten eingeschaltet und wird bestäubt. Danach sperrt das Magnetventil Ma 4 den Wasserzulauf zum Trichter ab, wonach die Umwälzpumpe abschaltet. Anschließend werden in kurzen Abständen der Drehmagnet DM, der Hubmagnet Ma 1 und der Motor M 1 eingeschaltet. Der Motor macht dabei nur eine halbe Umdrehung, tauscht damit die Filter aus und wird dann durch den Schalter S 2 wieder stillgesetzt. Anschließend werden der Hubmagnet Ma 1 und danach das Magnetventil Ma 4 stromlos, und der Wasserkreislauf beginnt erneut. Der Motor M 3 zu Betätigung der rotierenden Scheibe bleibt während des ganzen Zyklus eingeschaltet. Der Zeitplan der Steuerung ist in Abb. 23 dargestellt.

4. Ergebnisse und Erfahrungen

4.1 Allgemeines

Zur Lösung der vorliegenden Aufgabe wurden eine Reihe von Entwürfen angefertigt und zahlreiche Versuche durchgeführt. Die meisten Bauelemente, Vorrichtungen und Mechanismen waren neu zu entwickeln oder wenigstens dem vorgesehenen Verwendungszweck anzupassen.

4.2 Gehäuse und Gestell (siehe Abb. 17)

Das Gehäuse wird durch Steinwollplatten gegen die Wärme des Ofens isoliert. Nach den bisherigen Erfahrungen kann diese Isolierung als ausreichend angesehen werden. Bei Messungen in geschlossenen Räumen mit Temperaturen von etwa 20 bis 22° C wurde eine Gehäusetemperatur von 60 bis 75° C gemessen. Sie ist für die am Gehäuse befestigten Bauelemente erträglich. Bei höherer Außentemperatur könnte die Gehäusetemperatur für verschiedene elektrische Teile zu hoch werden. Deshalb wird für das Gerät eine Zwangslüftung oder Kühlung mit Wasserumlauf vorgesehen. Hierzu kann ein Teilstrom des ohnehin vorhandenen Kreislaufs dienen. Die mechanische Festigkeit der Steinwollplatten ist gering und die Montage der Platten schwierig. Sie werden daher auf die Dauer durch Moltoprenschaum mit einer Temperaturbeständigkeit bis ca. 120° C ersetzt werden.

Das Gestell ist mit einem PVC-Schutzmantel versehen, der die elektrischen Teile und die Mechanik gegen Wind und Niederschläge schützt. Durch eine leicht zu öffnende Klappe bleibt das Gerät trotzdem gut zugänglich.

Infolge der begrenzten Saugleistung der Wasserstrahlpumpe ist die Anlage bei sehr starkem Regen nur bedingt einsetzbar. Die Wassermenge, die in den Trichter hineinläuft, darf nicht größer sein als die Menge, die die Wasserstrahlpumpe ansaugen kann, da das Wasser sonst in der Leitung zum Trichter ansteigt, Staub an den Rohrwänden ablädt und beim Öffnen des Verschlusses ausfließt. Wenn man im Winter bei Frost messen möchte, so muß man den Trichter und die anderen wasserführenden Teile heizen. Wahrscheinlich ist es ausreichend, die Trichterwand mit einzelnen Windungen eines Backerrohres zu umgeben. Das Innere des Schutzmantels soll durch einen zusätzlichen Heizkörper auch im Winter frostfrei gehalten werden.

4.3 Der Abscheideteil (siehe Abb. 18 und 24)

Die Stäube werden von der Wand des Trichters durch einen Wasserfilm abgespült. Um diesen Wasserfilm mit der durchschnittlichen Durchflußmenge von ½ bis ⅓ Liter/min zu erzeugen, wurden drei Vorrichtungen entworfen.

Die erste Vorrichtung mit perforiertem Ringrohr ließ die Stellen zwischen den Wasserstrahlen teilweise unbenetzt. Das hätte vermieden werden können, indem das Ringrohr langsam gedreht wird. Die dazu notwendige Mechanik hätte in der Mitte des Trichters die freie Eintrittsfläche des Trichters zu stark verkleinert, und als Außenantrieb mit freiem Durchgang wäre sie zu aufwendig gewesen. Um dies zu umgehen, wurde ein durch ein Gewinde einstellbarer Ringspalt gebaut. Mit dieser Vorrichtung wurden Versuche bei verschiedenen Wassermengen und Spaltbreiten durchgeführt. Das Ergebnis war jedoch nicht befriedigend. Bei Wassermengen, die im Leistungsbereich der Filtereinrichtungen blieben, konnten nur örtliche zusammenhängende Wasserfilme erzeugt werden. Dieser Vorgang wurde durch die bearbeitungsbedingte Ungleichheit des Ringspaltes begünstigt. Es zeigte sich, daß dieses Verfahren trotz Feingewindes für die Einstellung, exakter Passungen und sorgfältiger Bearbeitung der Oberflächen sehr störanfällig ist. Für Laminarströmung an einem Ringspalt gilt die Beziehung:

$$Q = \frac{D \Pi s^3}{12 \eta l} (P_1 - P_2)$$

Es bedeuten:

Q = Durchflußmenge
D = Mittlerer Ringdurchmesser

s = Spaltbreite
η = Zähigkeit des Wassers
$P_1 - P_2$ = Druckunterschied vor und hinter dem Ringspalt
l = Spaltlänge

Die Gleichung zeigt, daß die Durchflußmenge in dritter Potenz von der Spaltbreite abhängt. Daher ist es bereits bei kleinen Ungleichmäßigkeiten nicht mehr möglich, einen annähernd gleichmäßigen Wasserdurchfluß über die Spaltlänge zu erreichen. Nur bei einer größeren Wassermenge, die weit über der Ansaugleistung der Wasserstrahlpumpe liegt, ließe sich ein genügend gleichmäßiger Film erzeugen. Einen brauchbaren Ausweg ergab schließlich die Berieselung mit Hilfe einer rotierenden Scheibe. Dieses Verfahren hat sich nach den bisherigen Erfahrungen gut bewährt. Es liefert bis zu kleinsten Wassermengen herunter gleichmäßige Benetzung der Trichterwand.
Der mögliche Wasserdurchfluß geht bei einem mittleren Staubeinfall von etwa 150 mg/m^2 h in ca. 30 Minuten Abscheidungszeit auf etwa die Hälfte der zu Beginn möglichen Durchflußmenge zurück. Das bedeutet, daß das Steuerventil für den Wasserdurchsatz während des Zyklus mehrmals entsprechend der Größe des Staubanfalls eingestellt werden müßte. Dies könnte entweder mit einer Drossel, deren Durchflußquerschnitt während eines Zyklus geändert wird oder – selbsttätig – mit einem Ventil, das mit einer Nocke gesteuert würde, erreicht werden. Diese beiden Möglichkeiten bringen aber eine Verfälschung der Anzeige mit sich, da Staub oberhalb einer bestimmten Korngröße wegen der abnehmenden Wassermenge gegen Ende des Zyklus nicht mehr abgespült wird. Dieser Staub wird erst bei Anfang des nächsten Zyklus wieder abgespült. Um dies zu vermeiden, wurde eine Wasserstandsregelung im Glasrohr zwischen Trichter und Gerät eingeführt. Dadurch kann stets mit der Wassermenge, die zum Abspülen der größten Teilchen erforderlich ist, gearbeitet werden. Diese wird während eines Zyklus so lange beibehalten, bis das Wasser im Glasrohr über eine bestimmte Höhe hinaus ansteigt. Geschieht dies, dann spricht eine Lichtschranke an und schaltet über einen Vestärker und ein Relais den Wasserzulauf ab. So ergibt sich eine periodische Spülung, bei der die zulaufende Wassermenge stets das notwendige Maß erreicht.
Bei der verwendeten Lichtschranke wird die Tatsache ausgenützt, daß ein mit Wasser gefülltes Glasrohr sich wie eine Zylinderlinse verhält. Diese entwirft von der Lichtquelle, einer kleinen Glühlampe von etwa 3 W ein linienhaft ausgedehntes Bild, das eine Photodiode ausleuchtet. Diese ist mit einem zweistufigen Transistorverstärker verbunden, der über ein Relais das Magnetventil steuert (siehe Abb. 5).
Der Abscheideteil des Gerätes wurde in halbautomatischem Betrieb, d. h. unter Verwendung einer Analysenwaage zur Ermittlung des Staubgewichtes im Freien erprobt. Ergebnisse sind in Tab. 1 zusammengefaßt. Da es sich nur um Funktionsprüfungen gehandelt hat, unterblieb eine Diskussion.
In Abb. 7 ist der Zusammenhang zwischen Wasserdurchsatz im Rieselfilm und größtem transportierten Korn wiedergegeben. Dieses Diagramm ist durch mikroskopische Auswertung erhalten worden. Es zeigt, daß ein Durchsatz von 0,8 Liter/min erforderlich ist, wenn Staub bis zu 50 μ Korndurchmesser erfaßt werden soll.

4.4 Der Wägeteil

Das Auflösungsvermögen der Waage ist bei ungestörter Anzeige für die vorliegende Aufgabe ausreichend. Bei der Festlegung der Empfindlichkeit sind die ungünstigen Wägebedingungen in der vorliegenden Apparatur mit in Betracht gezogen worden. Gegen

äußere Schwingungen im Einsatz lassen sich Vorkehrungen treffen, die jedoch wahrscheinlich nicht die idealen Aufstellungsbedingungen im Labor ersetzen können. Die Arretierung der Waage durch einen Hubmagneten hat sich grundsätzlich bewährt. Anfangsschwierigkeiten durch Änderung der Viskosität des Öls im Dämpfungszylinder des Magneten konnte durch Verwendung von Silikonöl behoben werden. Die Empfindlichkeit der Waage ändert sich mit der Temperatur derart, daß sie je °C etwa $2^0/_{00}$ zunimmt. Dies zeigt sich in Abb. 6, wo bei Umrechnung gleichen Gewichtsunterschiedes verschiedene Anschläge entsprechen würden. Deshalb muß die Temperatur des Ofens, in dem die Waage sich befindet, konstant gehalten werden. Dies ist jedoch auch aus Gründen der Nullpunktskonstanz erwünscht. Die Spitzen des Filteraufnehmers müssen frei durch die vier Löcher des Filterträgers hindurch treten und so weit herausragen, daß das Filter sicher von dem Filterträger abgehoben werden kann. Da das Filter sich nach der zweiten Trocknung verhältnismäßig stark verformt, müssen die Spitzen etwa 5 mm überstehen. Wegen der empfindlichen Spannbandlagerung muß man bei der Montage achtsam sein. Heftige Erschütterungen der Mechanik müssen unbedingt vermieden werden, weil das Spannband sonst zerreißt. Eine Stoßsicherung des Balkensystems ist konstruktiv vorbereitet, aber noch nicht durchgeführt worden. Bei stationärem Betrieb dürften sich aus dieser Anfälligkeit keine ernstlichen Schwierigkeiten ergeben. Der elektronische Teil erwies sich als zuverlässig, auch die Tarierung arbeitet einwandfrei. Es ist vorgesehen, daß das elektrische Registriergerät, das außer den Wägeergebnissen auch die Temperatur im Freien, ferner die Ofentemperatur und eventuell noch andere Daten aufzeichnen soll, in einem geschützten Raum untergebracht wird. Daher werden an den Schreiber keine besonderen Anforderungen gestellt.
Die folgende Abbildung (Abb. 7) bringt in zeichnerischer Wiedergabe den Verlauf des angezeigten Gewichtes bei Auflage von kleinen Aluminiumfolienstücken (Oberfläche ca. 5 cm^2). Das Bild ist von unten nach oben zu lesen. Die unterste Strecke stellt ein Zeitintervall von 4 Minuten dar. Danach folgt die Aufnahme des tarierten Wertes nach Abschluß des Tariervorganges. Die nach rechts laufende Kurve entspricht einer Nullpunktregistrierung mit wegtariertem Foliengewicht. Der Anstieg des Gewichtes läßt sich auf Oxydation der Folie bei der erhöhten Temperatur im Ofen zurückführen. Wie die Diagramme weiter oben zeigen, verlangsamt sich dieser Vorgang und wird schließlich bedeutungslos. Dieses Ergebnis ist deshalb sehr wichtig, weil der Waagebalken der elektrischen Mikrowaage ebenfalls aus Aluminium besteht und auch seine Oxydation zum Stillstand kommen muß, wenn man verläßliche Anzeigen erhalten will.

4.5 Die Mechanik

Wie schon angedeutet, mußte die Mechanik im Laufe der Forschungsarbeit schrittweise verbessert werden, weil sich viele Erkenntnisse erst nach langwierigen Versuchen einstellten. Grundsätzlich läßt sich aussagen, daß, wo immer eine Konzeption vorlag, bei der mit einem einzigen Betätigungselement mehrere Funktionen zugleich ausgeführt werden sollten, im Lauf der Erprobung ein Rückgriff auf einzelnen Antrieb notwendig war oder sich zumindest wünschenswert zeigte. Vermutlich wird diese Trennung der Funktionen auch bei einer eventuellen Serienfertigung solcher Geräte zweckmäßig sein, weil sie am leichtesten unerwarteten Störungen oder neuen Anforderungen begegnen kann.
Immerhin dürfte jetzt ein Zustand erreicht sein, der Messungen mit einer gewissen Betriebssicherheit ermöglicht. Es ist bekannt, daß sich die Ausfallwahrscheinlichkeit der Komponenten bei einem komplizierten System addieren. Daher werden im Dauerbetrieb hohe Anforderungen an die Zuverlässigkeit der mechanischen und elektrischen Bau-

elemente gestellt. Nach den jetzt vorliegenden Erfahrungen gibt es jedoch keine technischen Ausfälle an der Apparatur, die nicht von einem eingearbeiteten Elektromechaniker kurzfristig behoben werden könnten.

Tab. 1 Staubniederschlagsmessung mit der Abscheidungs- und Filtrieranordnung, jedoch mit Wägung auf Analysenwaage

Tag	Uhrzeit	Feuchtigkeit [%]	Temperatur [°C]	Staubgewicht [mg/m² h]	Bemerkungen
6. 10. 1966	9–10 h	86	19,2	194	Sonniges Wetter
6. 10. 1966	10–11 h	77	22,5	186	Sonniges Wetter
8. 10. 1966	9–10 h	86	13	70	Nach Regen
8. 10. 1966	10–11 h	90	14	66	
8. 10. 1966	15–16 h	100	14,5	42	
8. 10. 1966	16–17 h	100	14,5	74	
25. 10. 1966	10–11 h	65	11	48	Nach Regen
25. 10. 1966	13–14 h	88	9,7	102	
26. 10. 1966	9–10 h	90	8,0	98	Nach Regen
26. 10. 1966	10–11 h	90	8,0	108	
26. 10. 1966	13–14 h	90	8,2	172	
26. 10. 1966	14–15 h	79	9,0	144	
26. 10. 1966	15–16 h	87	8,7	162	
27. 10. 1966	9–10 h	90	5,5	70	Nach Regen
27. 10. 1966	10–11 h	90	6	86	
27. 10. 1966	13–14 h	95	6	44	
27. 10. 1966	14–15 h	95	6	64	
28. 10. 1966	9–10 h	90	7	62	Nach Regen
28. 10. 1966	10–11 h	90	7,5	94	
28. 10. 1966	13–14 h	92	8,2	108	
28. 10. 1966	14–15 h	92	8,2	122	
29. 10. 1966	15–16 h	89	7,3	32	

Abbildungsanhang

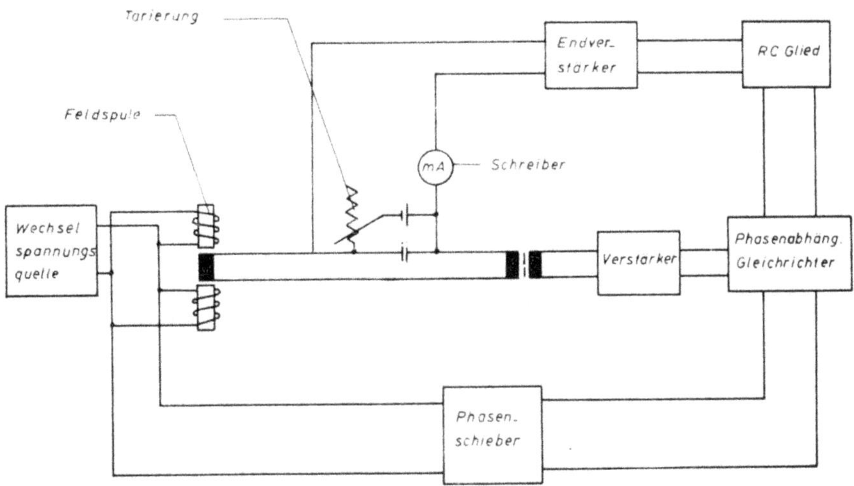

Abb. 1 Schaltung der elektronischen Waage

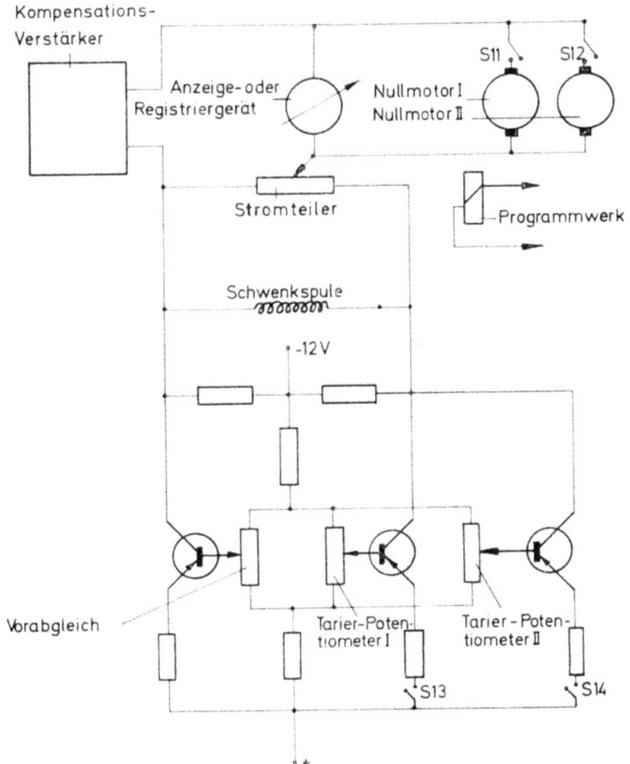

Abb. 2 Automatische Tarierung

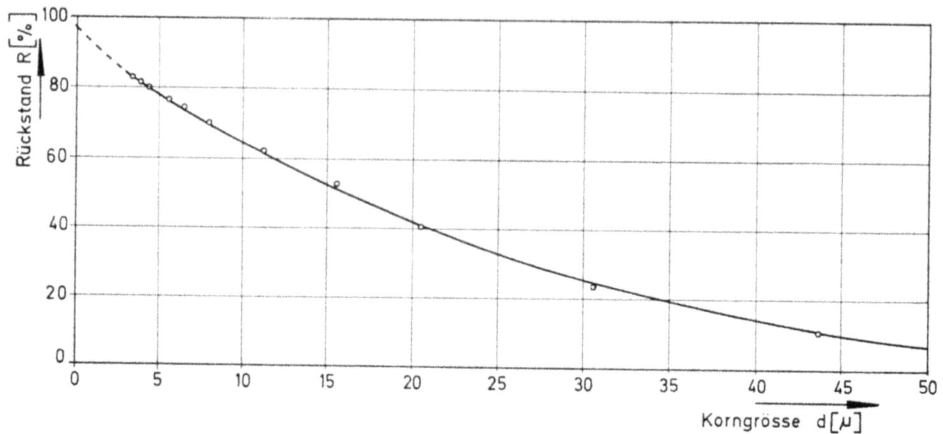

Abb. 3 Kennlinie des Meßstaubes

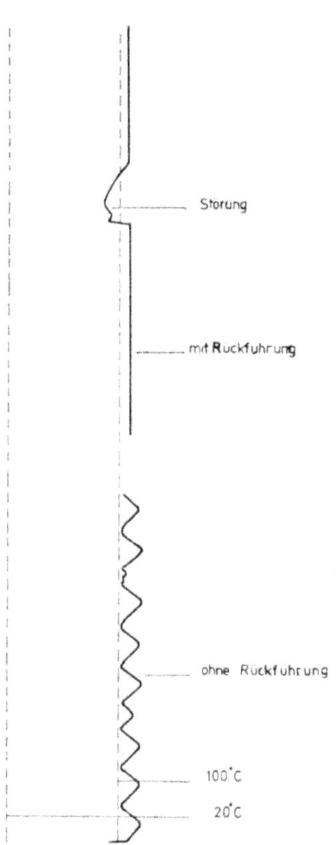

Abb. 4
Regelung der Ofentemperatur mit und ohne Rückführung

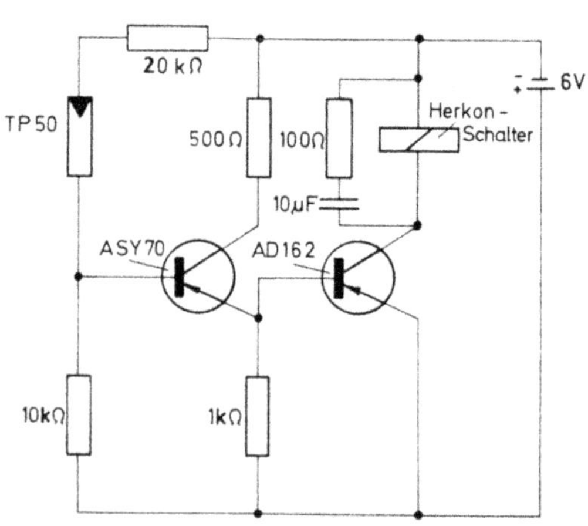

Abb. 5
Schaltung des Photozellenverstärkers

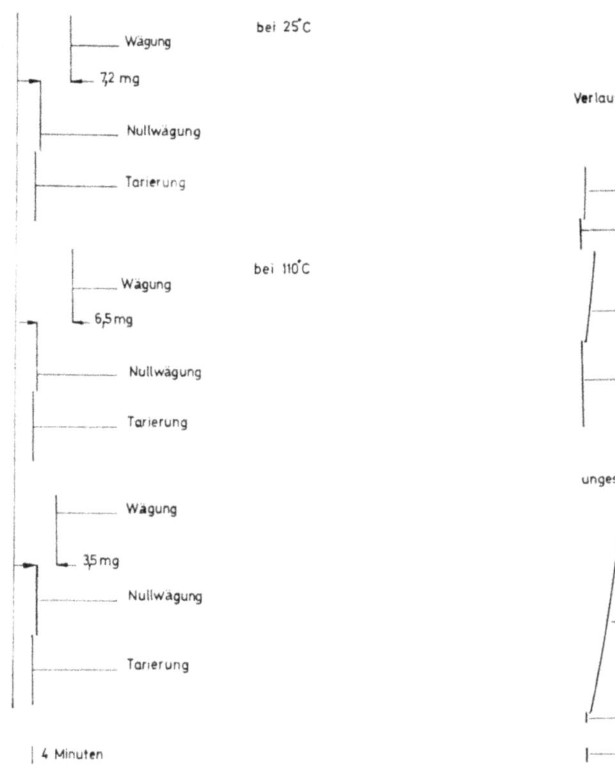

Abb. 6
Ungestörter Verlauf bei 25° C und 110° C

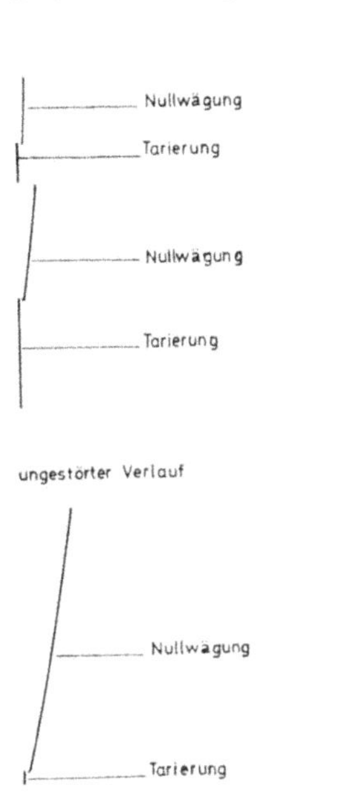

Abb. 7
Gewichtszunahme von Aluminiumfolie durch Oxydation

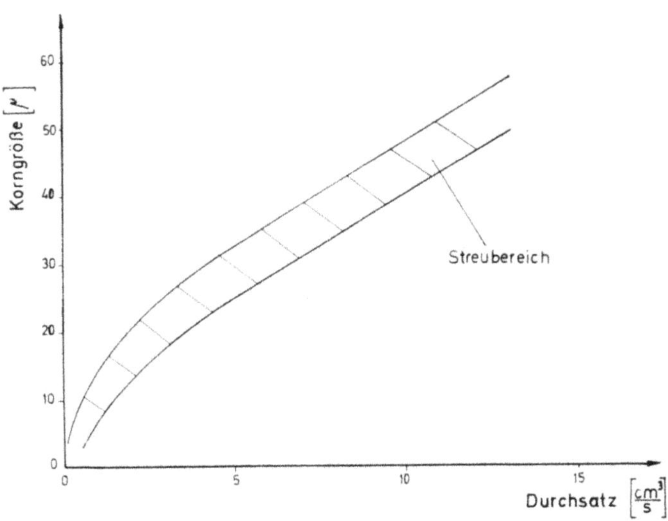

Abb. 8 Durchsatz im Rieselfilm und größtes transportiertes Korn

Abb. 9 Gesamtansicht des Staubniederschlagsmeßgerätes

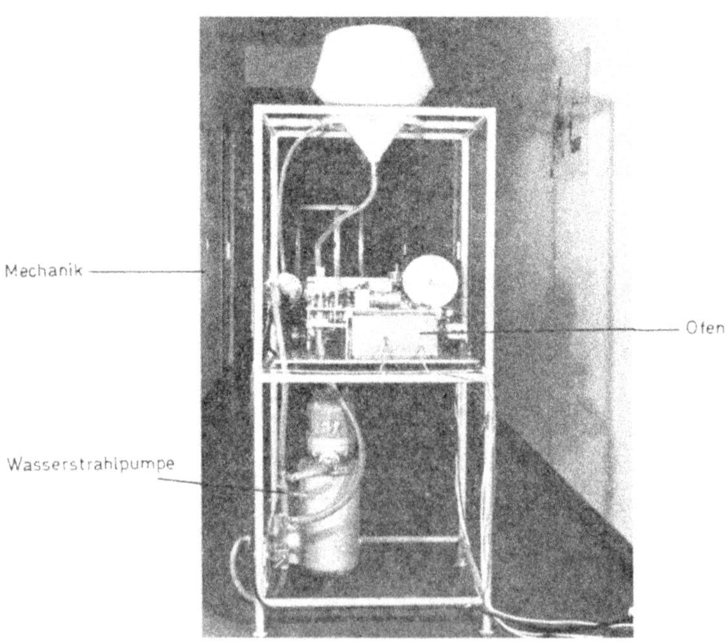

Abb. 10 Gesamtansicht des Staubniederschlagsmeßgerätes

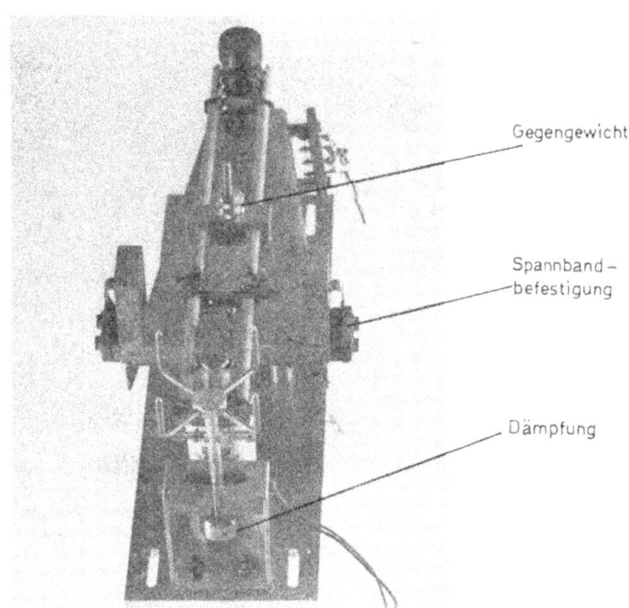

Abb. 11 Elektromagnetische Semikrowaage

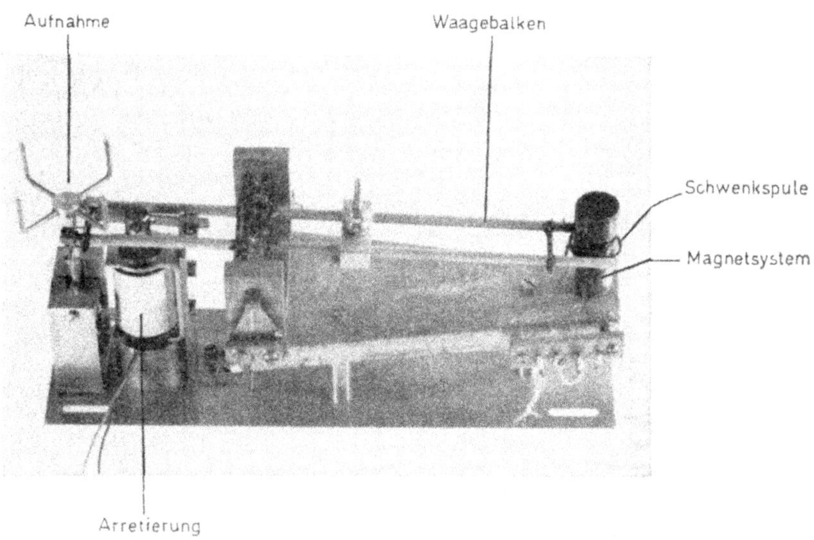

Abb. 12 Elektromagnetische Semikrowaage

Abb. 12a Teilansicht der Waage und elektronischer Teil mit Tarieranordnung

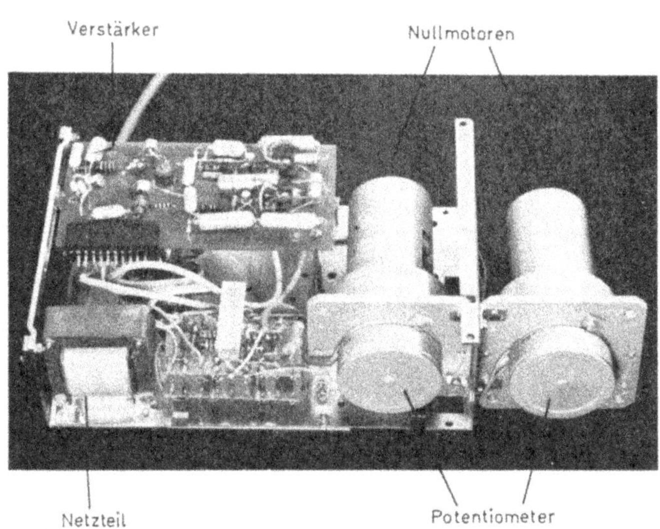

Abb. 13 Teilansicht der Waage und elektronischer Teil mit Tarieranordnung

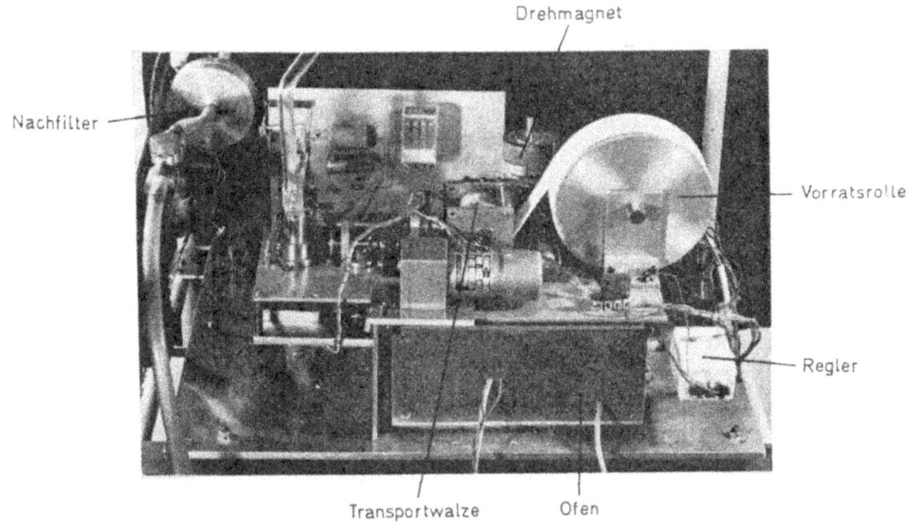

Abb. 14 Ausschnitt aus dem Staubniederschlagsmeßgerät

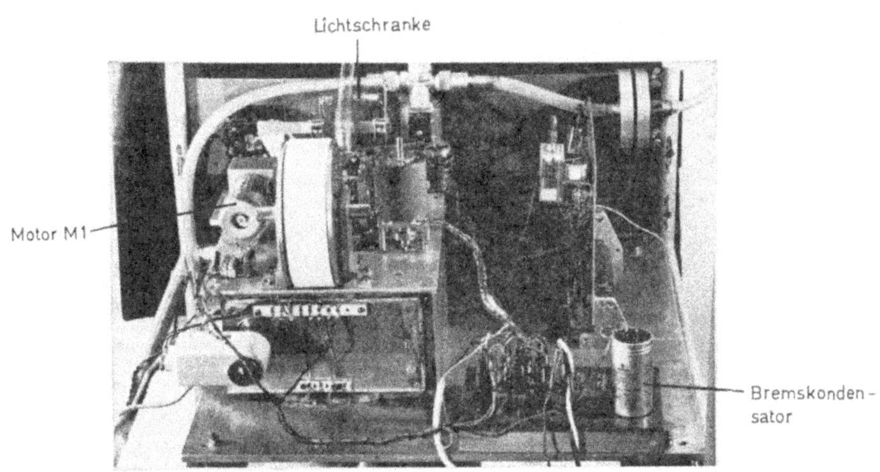

Abb. 15 Ausschnitt aus dem Staubniederschlagsmeßgerät

Abb. 16 Aufsicht auf die Mechanik und Einblick in den Ofen

Abb. 17 Aufsicht auf die Mechanik und Einblick in den Ofen

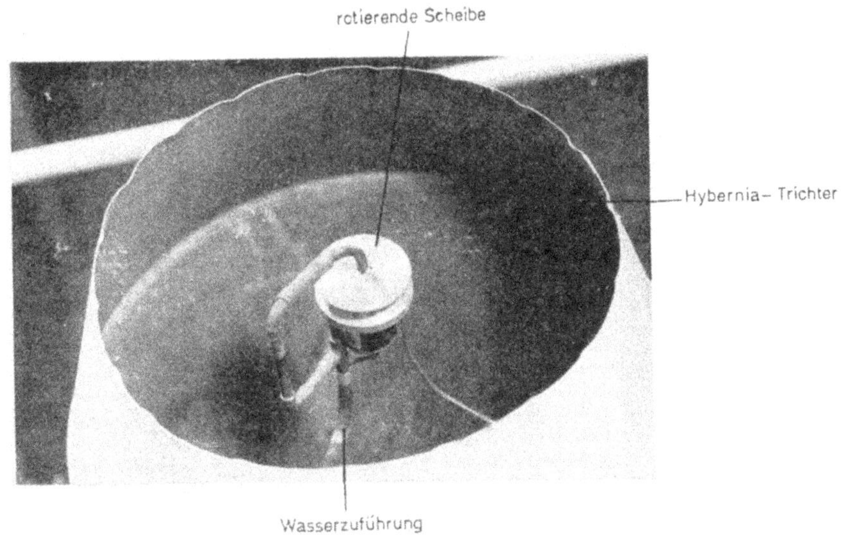

Abb. 18 Hybernia-Trichter mit Sprühvorrichtung

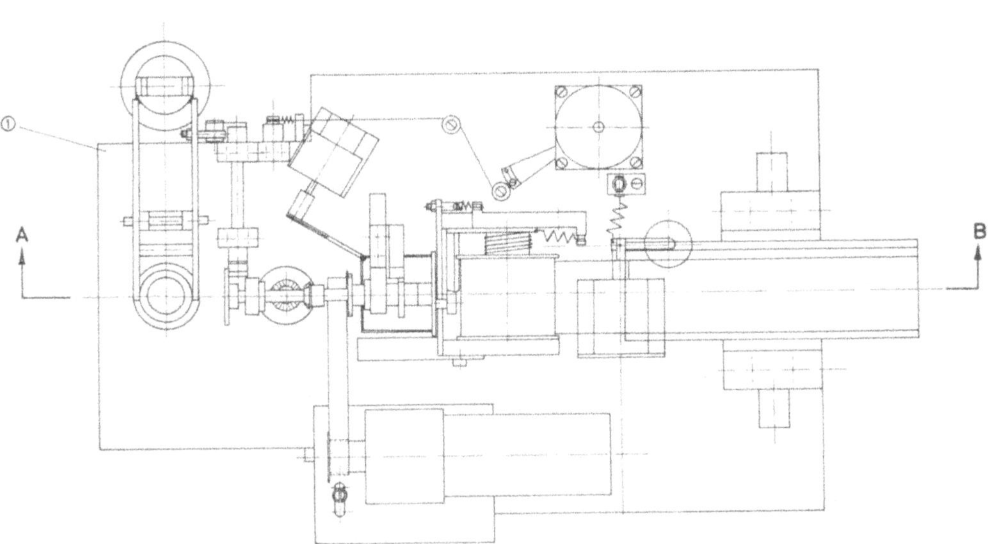

Abb. 19 Die Mechanik des Staubniederschlagsmeßgerätes

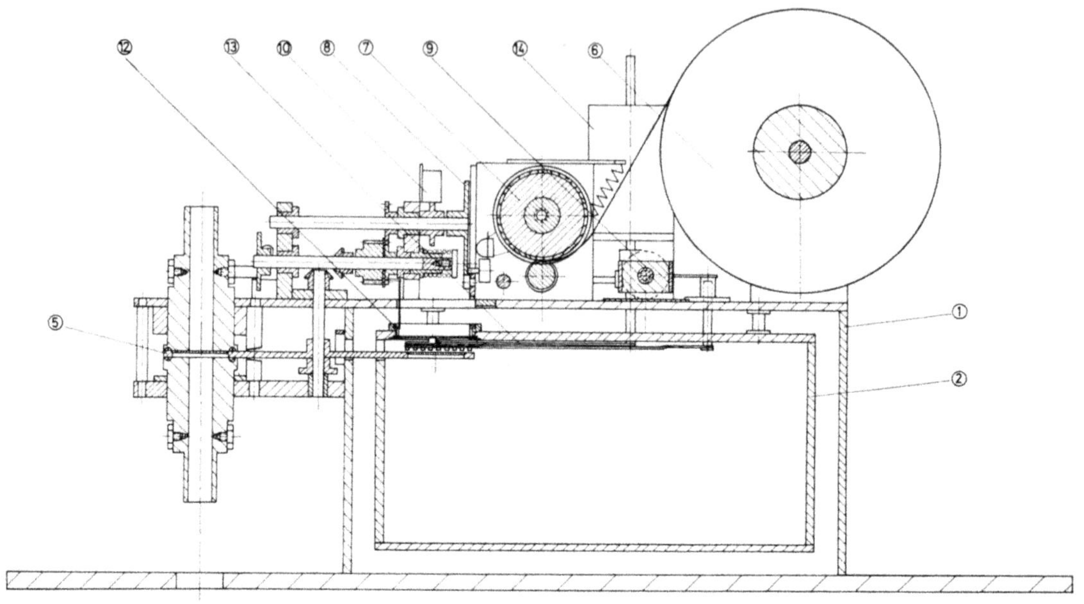

Abb. 20 Schnitt A–B

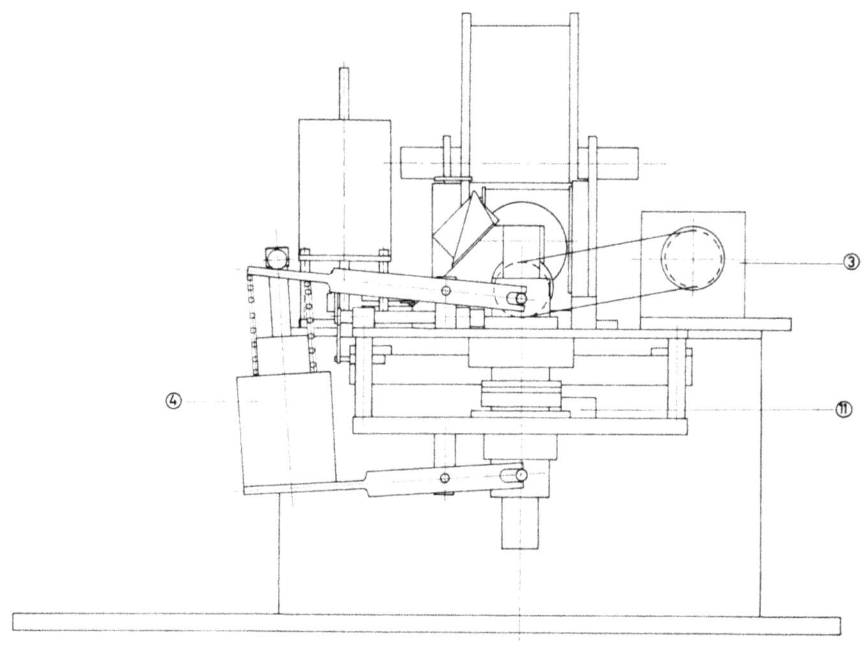

Abb. 21 Vorderansicht

Die Teile der Konstruktion

1 Gehäuse
2 Ofen
3 Motor M 1
4 Hubmagnet Ma 1
5 Filterträger
6 Vorratsrolle
7 Walze
8 Schere
9 Hubmagnet Ma 2
10 Schalter S 1
11 Schalter S 2
12 Schwingender Rahmen
13 Filterabwerfer mit kammförmigem Ansatz
14 Drehmagnet

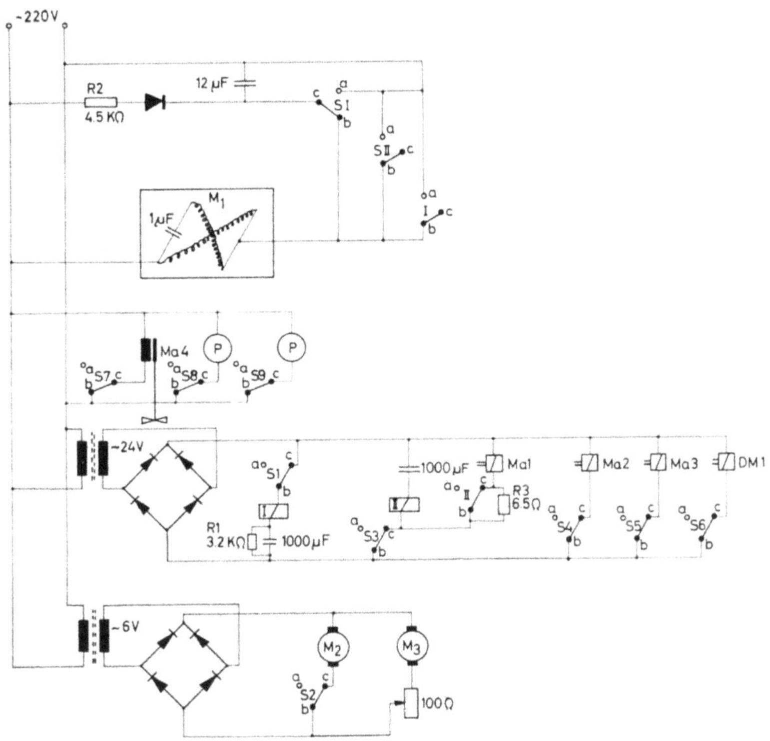

Abb. 22 Schaltplan

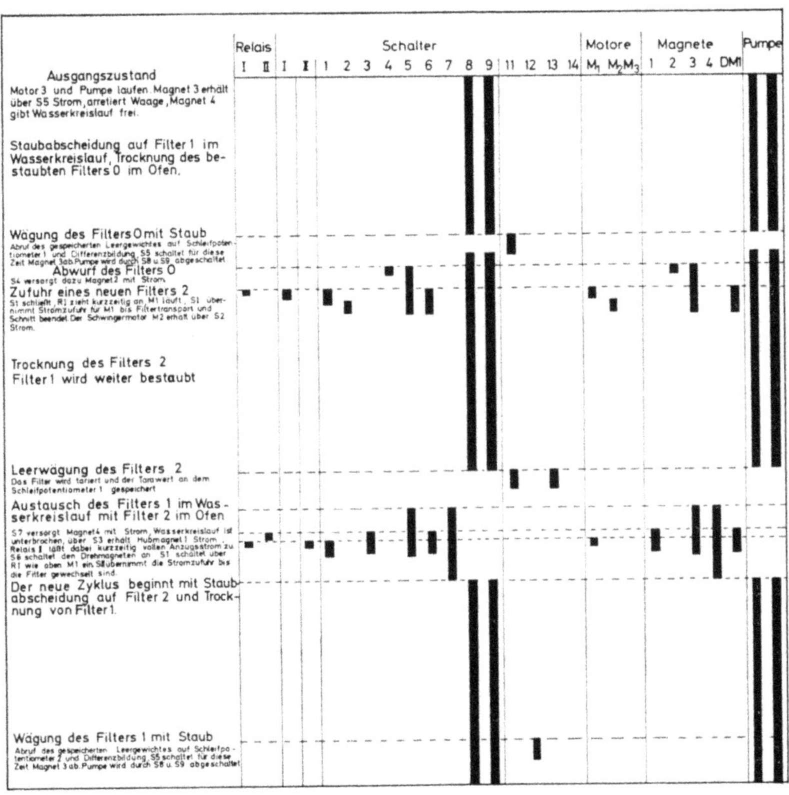

Abb. 23 Zeitlicher Ablauf des Steuerprogramms

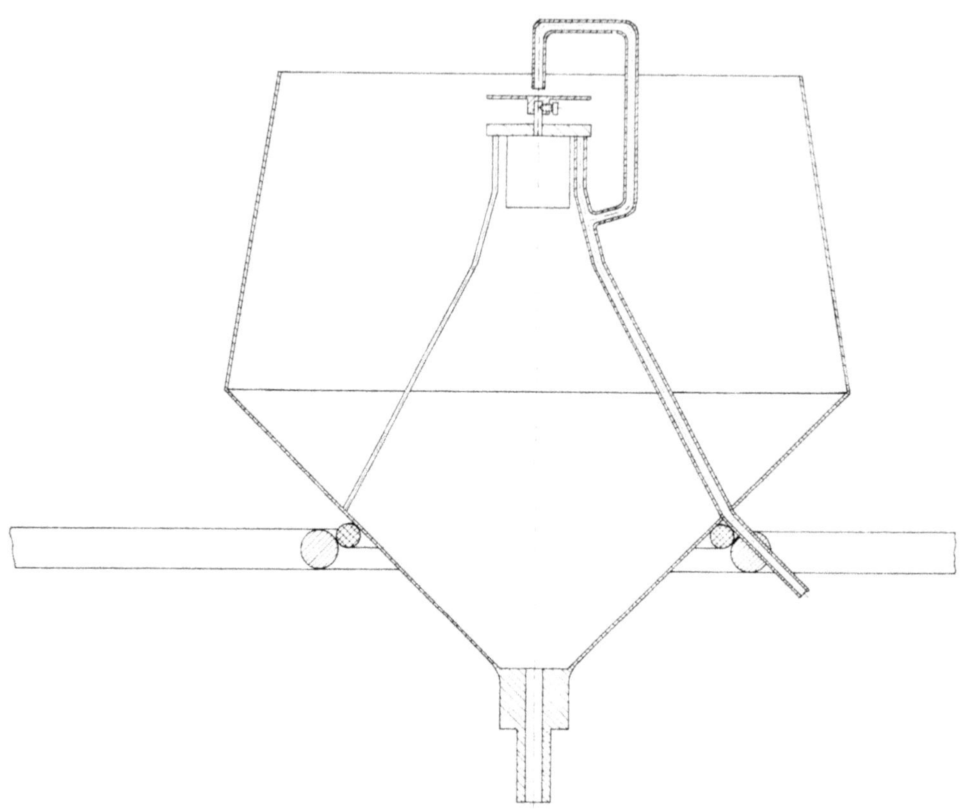

Abb. 24 Trichter mit rotierender Scheibe

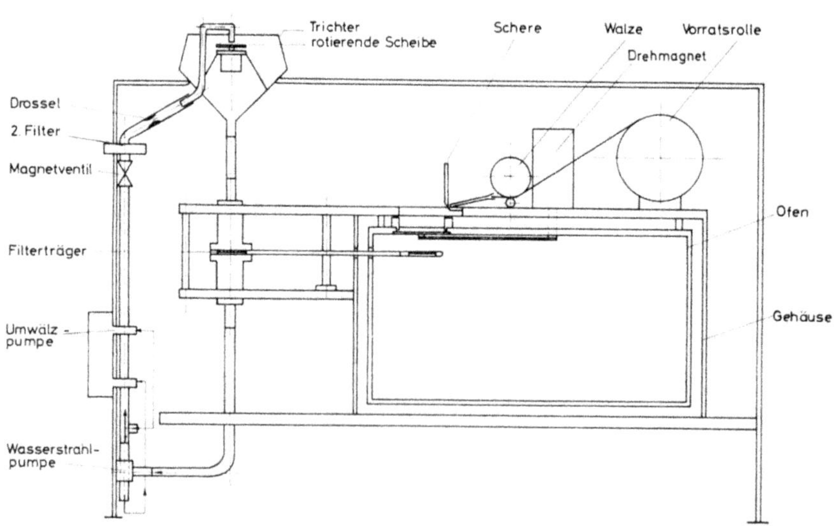

Abb. 25 Staubniederschlagsmeßgerät

Forschungsberichte des Landes Nordrhein-Westfalen

Herausgegeben im Auftrage des Ministerpräsidenten Heinz Kühn
von Staatssekretär Professor Dr. h. c. Dr. E. h. Leo Brandt

Sachgruppenverzeichnis

Acetylen · Schweißtechnik

Acetylene · Welding gracitice
Acétylène · Technique du soudage
Acetileno · Técnica de la soldadura
Ацетилен и техника сварки

Arbeitswissenschaft

Labor science
Science du travail
Trabajo científico
Вопросы трудового процесса

Bau · Steine · Erden

Constructure · Construction material · Soil research
Construction · Matériaux de construction · Recherche souterraine
La construcción · Materiales de construcción
Reconocimiento del suelo
Строительство и строительные материалы

Bergbau

Mining
Exploitation des mines
Minería
Горное дело

Biologie

Biology
Biologie
Biologia
Биология

Chemie

Chemistry
Chimie
Quimica
Химия

Druck · Farbe · Papier · Photographie

Printing · Color · Paper · Photography
Imprimerie · Couleur · Papier · Photographie
Artes gráficas · Color · Papel · Fotografía
Типография · Краски · Бумага · Фотография

Eisenverarbeitende Industrie

Metal working industry
Industrie du fer
Industria del hierro
Металлообработывающая промышленность

Elektrotechnik · Optik

Electrotechnology · Optics
Electrotechnique · Optique
Electrotécnica · Optica
Электротехника и оптика

Energiewirtschaft

Power economy
Energie
Energía
Энергетическое хозяиство

Fahrzeugbau · Gasmotoren

Vehicle construction · Engines
Construction de véhicules · Moteurs
Construcción de vehículos · Motores
Производство транспортных · Средств

Fertigung

Fabrication
Fabrication
Fabricación
Производство

Funktechnik · Astronomie

Radio engineering · Astronomy
Radiotechnique Astronomie
Radiotécnica · Astronomía
Радиотехника и астрономия

Gaswirtschaft

Gas economy
Gaz
Gas
Газовое хозяйство

Holzbearbeitung

Wood working
Travail du bois
Trabajo de la madera
Деревообработка

Hüttenwesen · Werkstoffkunde

Metallurgy · Materials research
Métallurgie · Materiaux
Metalurgia · Materiales
Металлургия и материаловедение

Kunststoffe

Plastics
Plastiques
Plásticos
Пластмассы

Luftfahrt · Flugwissenschaft

Aeronautics · Aviation
Aéronautique · Aviation
Aeronáutica · Aviación
Авиация

Luftreinhaltung

Air-cleaning
Purification de l'air
Purificación del aire
Очищение воздуха

Maschinenbau

Machinery
Construction mécanique
Construcción de máquinas
Машиностроительство

Mathematik

Mathematics
Mathématiques
Mathemáticas
Математика

Medizin · Pharmakologie

Medicine · Pharmacology
Médecine · Pharmacologie
Medicina · Farmacología
Медицина и фармакология

NE-Metalle

Non-ferrous metal
Metal non ferreux
Metal no ferroso
Цветные металлы

Physik

Physics
Physique
Física
Физика

Rationalisierung

Rationalizing
Rationalisation
Racionalización
Рационализация

Schall · Ultraschall

Sound · Ultrasonics
Son · Ultra-son
Sonido · Ultrasónico
Звук и ультразвук

Schiffahrt

Navigation
Navigation
Navegación
Судоходство

Textilforschung

Textile research
Textiles
Textil
Вопросы текстильной промышленности

Turbinen

Turbines
Turbines
Turbinas
Турбины

Verkehr

Traffic
Trafic
Tráfico
Транспорт

Wirtschaftswissenschaften

Political economy
Economie politique
Ciencias económicas
Экономические науки

Einzelverzeichnis der Sachgruppen bitte anfordern

Westdeutscher Verlag · Köln und Opladen
567 Opladen/Rhld., Ophovener Straße 1–3, Postfach 1620

GPSR Compliance
The European Union's (EU) General Product Safety Regulation (GPSR) is a set of rules that requires consumer products to be safe and our obligations to ensure this.

If you have any concerns about our products, you can contact us on

ProductSafety@springernature.com

In case Publisher is established outside the EU, the EU authorized representative is:

Springer Nature Customer Service Center GmbH
Europaplatz 3
69115 Heidelberg, Germany

www.ingramcontent.com/pod-product-compliance
Ingram Content Group UK Ltd.
Pitfield, Milton Keynes, MK11 3LW, UK
UKHW061700190726
13853UKWH00008B/2317

* 9 7 8 3 6 6 3 0 6 2 9 0 5 *